云南名特药材种植技术丛书

云当归

Yundanggui 《云南名特药材种植技术丛书》编委会 编

U0273413

云南出版集团公司
云南科技出版社
·昆 明·

图书在版编目（CIP）数据

云当归 /《云南名特药材种植技术丛书》编委会编 . -- 昆明：云南科技出版社，2013.7（2021.8重印）
（云南名特药材种植技术丛书）
ISBN 978-7-5416-7276-7/03

Ⅰ . ①云… Ⅱ . ①云… Ⅲ . ①当归 - 栽培技术 Ⅳ . ①S567.23

中国版本图书馆CIP数据核字（2013）第157882号

　　　　责任编辑：唐坤红
　　　　　　　　　李凌雁
　　　　　　　　　洪丽春
　　　　封面设计：余仲勋
　　　　责任校对：叶水金
　　　　责任印制：翟　苑

云南出版集团公司
云南科技出版社出版发行
（昆明市环城西路609号云南新闻出版大楼　邮政编码：650034）
云南灵彩印务包装有限公司印刷　全国新华书店经销
开本：850mm×1168mm　1/32　印张：1.625　字数：41千字
2013年9月第1版　2021年8月第6次印刷
定价：18.00元

《云南名特药材种植技术丛书》
编委会

顾　问：朱兆云　金　航　杨生超
　　　　郭元靖
主　编：赵　仁　张金渝
编　委（按姓氏笔画）：
　　　　牛云壮　文国松　苏　豹
　　　　肖　鹏　陈军文　张金渝
　　　　杨天梅　赵　仁　赵振玲
　　　　徐绍忠　谭文红

本册编者：杨美权　杨绍兵　张金渝
　　　　　杨天梅　杨维泽　赵振玲
　　　　　张智慧　许宗亮

序

　　彩云之南自然环境多样，地理气候独特，孕育着丰富多样的天然药物资源，"药材之乡"的美誉享于国内外。

　　云药资源优势转变为产业优势的发展特色突出，亦带动了生物产业的不断壮大。当下，野生药用资源日渐紧缺，采用人工繁育种植方式来满足医疗保健及产业可持续发展大势所趋。丛书选择了天麻、灯盏细辛、当归、石斛、木香、秦艽、续断等云南名特药材，特别是目前野生资源紧缺，市场需求较大的常用品种，以种植技术和优质种源为重点内容加以介绍，汇集种植生产第一线药农的实践经验，病虫害防治方法等，凝聚了科研人员的研究成果。该书采用浅显的语言进行了论述，通俗易懂。云南中医药学会名特药材种植专业委员会编辑成的该套丛书，对于云南中药材规范化、规模化种植具有一定指导意义，为改善和提高山区少数民族群众收入提供了一条重要的技术途径。愿本套丛书能够对推动我省中药种植生产事业发展有所收益，此序。

云南中医药学会名特药材种植专业委员会

名誉会长

前　言

　　绿色经济强省，生物资源是支撑。保持资源的可持续发展，是生态文明建设的前瞻性工作。云南省委、省政府历来高度重视生物医药发展，将生物医药产业作为云南特色支柱产业来重点发展。中药材种植是生物医药产业发展的源头，有言道："好山好水出好药""药材好，药才好"……。因地制宜，严格按照国家有关法规和科学技术指导规范种植，方能产出优质药材。基于云南生物资源开发现状考量，云南省中医药学会名特药材种植专业委员会汇集了云南药物研究所、云南农业科学院药用植物研究所、云南中医学院、云南农业大学等单位的专家学者，整理并撰写了目前在云南省中药材种植生产中有一定基础与规模的20个品种中药材的种植技术，编辑出版本丛书，较大程度地适应了各地中药材种植发展的迫切需要。

　　云南地处北纬21°～29°，纬度较低，北回归线从南部通过，全年接受太阳辐射光热多，热量丰富；加之北高南低的地势，南部地区气温高积温多，北部地区气温低积温少；南北走向的山脉河谷，有利于南方湿热气流的深入，使南方热带动植物沿河谷北上。北部山脉又阻

· 1 ·

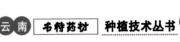
挡了西伯利亚寒冷气流的侵袭，北方的寒温带动植物沿山脊南下伸展。东面湿热地区的动植物又沿金沙江河谷和贵州高原进入，造成河谷地区炎热、坝区温暖、山区寒冷等特点。远离海洋不受台风的影响，大部分地区热量充足，雨量充沛。多种类型的气候生态环境，造就了云南自然风光无限，物奇候异，由此被人们美称为"植物王国"。

云南中草药资源十分丰富，药用植物种数居全国第一，在中药材种植方面也曾创造了多个全国第一。目前云南的中药材种植产业承担了云南全省乃至全国大部分中医药产品的原料供给。跨越式发展中药材种植产业方兴未艾，适应生物医药产业的可持续发展趋势尤显，丛书出版正当时宜。

本书编写时间仓促，编撰人员水平有限，疏漏错误之处，希望读者给予批评指正。

云南省中医药学会
名特药材种植专业委员会

目　录

第一章　概　述

当归［*Angelica sinensis*（Oliv.）　Diels］为伞形科（Umbelliferae）当归属（*Angelica*）多年生草本植物，别名秦归、云归。《中华人民共和国药典》收录的当归以干燥根入药，具补血活血，调经止痛，润肠通便等功效，用于治疗血虚萎黄、眩晕心悸、脱发、经闭痛经、虚寒腹痛、肠燥便秘、风湿痹痛等症。当归被历版《中国药典》收载，在中医处方和中成药制剂中广泛使用，有"十方九归"之说，也是"当归补血汤""乌鸡白凤丸"等著名中成药的重要原料，需求量极大，全球每年需求2.2万吨左右。当归主产甘肃东南部，其次为云南、四川、陕西、湖北等省，均为人工栽培。云南当归种植历史悠久，属地道药材，习称"云当归"。传统产地为滇西和滇西北地区，现滇东地区发展较快。主产丽江、大理、迪庆、怒江的兰坪以及曲靖的沾益等地。

一、历史沿革

当归［*Angelica sinensis*（Oliv.）　Diels］为伞形科［Umbelliferae］当归属［*Angelica* L.］多年生草本植物，别名秦归、云归。始载于《神农本草经》，列为中

品。历代本草对当归均有记载，其说法各异；《名医别录》云："生陇西川谷，二月、八月采根阴干"；《本草经集注》云："今陇西四样黑水当归，多肉少枝气香，名马尾当归，稍难得。西川北部当归，多根枝而细。历阳所出者，色白而气味薄，不相似，呼为草当归，缺少时亦用之"；《新修本草》云："当归苗有二种，于内一种似大叶芎䓖，一种似细叶芎䓖。惟茎叶卑下于芎䓖也……细叶者名蚕头当归，大叶者为马尾当归，今多用于马尾当归，蚕头者不如，此不复用，陶称历阳者是蚕头当归也"；《本草图经》云："当归生陇西川谷，今川蜀、陕西诸郡及江宁府、滁州皆有之，以蜀中者为胜"，《滇南本草》云："其性走而不守，引血归经。入心、肝、脾三经。止腹痛、面寒、背寒痛，消痈疽，排脓定痛。"由此得知当归在我国至少已有2000多年的药用史，在云南至少也有400多年历史。

二、资源情况

云当归为云南省道地药材之一，有着悠久的应用历史，云南所产当归以品质纯正、挥发油含量高而被称为"云当归"，是极具云南特色的天然药物资源。当归身干、根头肥大，结实，有油气，气味芳香，肉白，质量好。其商品主要来源于栽培。云南当归种植历史悠久，于清嘉庆二十年至道光元年从甘肃引进当归种子在兰坪洋芋山试种成功，称"拉井归"；后逐步扩大到整个滇

西北栽培，以后滇东北相继发展，其商品质量较好，归头大，尤以"马厂归"为著，畅销国内外。

三、分布情况

当归在我国有近1000年的栽培史。李时珍《本草纲目》云："今陕、川、秦州、汶州诸处人多栽莳为货。以秦归头圆、尾多色紫、气香肥润者。名马尾归，最胜他处"。据考证当时的陇西、西川、汶州、秦州等地，即为如今的甘肃省岷县、岩昌、武都、文县及毗邻的四川省平武、南坪县一带。

云南当归主要种植在丽江玉龙、大理鹤庆、迪庆德钦、曲靖沾益等地，海拔1800~3100m的山区，属地道药材，习称"云当归"。云当归常年种植面积在2万~5万亩。

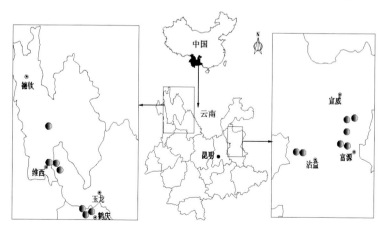

图1-1　云当归分布示意图
（由云南省农业科学院药用植物研究所提供）

四、发展情况

云当归的发展起起落落，经历了一条曲折的道路，1950年以前，云当归每年产量不到3万kg。1960~1975年生产迅速发展，每年栽种666~3333hm^2。1968年收购120多万千克，1980年收购170万kg。1981年出口53.5万kg，居全国第1位。由于市场供大于求，以及盲目无序发展，导致云当归产量、质量下降，1996年产量仅为10万~20万kg。但随着当归价格的逐渐复苏，2002年有安徽商人在滇东北联合中药经营者依托当地政府在曲靖地区沾益县发展种植，至2004年后渐成规模，2006年恰逢当归涨价，进一步刺激云南省当归的种植，2008年全省种植面积5万亩左右，其中曲靖地区有2万余亩，滇西产区有3万亩左右，成为仅次于甘肃的全国第二大当归产地。

第二章　分类与形态特征

一、植物形态特征

当归为多年生草本，高0.4~1m。根圆柱形，分枝，有多数肉质须根，表面呈黄棕色，有浓郁香气。茎直立。绿色或紫色，有纵深沟纹，光滑无毛。叶为2~3回奇数羽状复叶；叶柄长3~11cm，基部膨大成管状的薄膜质叶鞘；基生叶及茎下部叶卵状，长柄，末回裂片卵形及卵状披针形，长柄8~18cm，宽15~20cm，小叶片3对，下部的一对小叶柄长0.5~1.5cm，近顶端的一对无锯齿，齿端有尖头，叶下面及边缘被稀疏乳头状白色细毛；茎上部叶简化成囊状鞘和羽状分裂的叶片。复伞形花序顶生，花序梗长4~7cm，密被细柔毛；伞辐9~30，长短萼齿5，卵形；花瓣5，白色，长卵形，顶端狭尖，内折；雄蕊5，花丝向内弯；子房下位，花柱短，花柱基圆锥形。双悬果椭圆形至卵形，长0.4~0.6cm，宽0.3~0.4cm，成熟后从合生面分开；分果有果棱5条，背棱线形，隆起，侧棱成宽而薄的翅，与果体等宽，翅边缘淡紫色，槽棱内油管1，合生面油管2。花期6~7月，果期7~9月（图2-1）。

图2-1 云当归植物图

二、植物学分类检索

当归属Angelica L.是伞形科Umbelliferae芹亚科
Apioideae Drude前胡族Peucedaneae Drude当归亚族
Angelicinae Drude的一个重要类群，全球约90种，北美和
东亚为其世界分布中心。东亚以中国种类最为丰富，约
45种2变种，特有种32种。而我国西南地区（四川、重
庆、云南及横断山区）是中国当归属的分布中心，也是
世界当归属的起源和演化中心之一。当归属植物在系统
分类上，存在着广义当归属和狭义当归属之争；同时也

存在形态分类上鉴定困难，属下系统混乱，种间亲缘和进化关系不清楚等问题。

当归属中有很多药用植物，常用中药如当归、白芷、紫花前胡、台湾独活等。

表2-1　当归及其混淆品东当归、欧当归的原植物检索表

1.花白色；花序总苞片少数或无，小总苞片2数枚。

　2.总苞片数2枚或无，小总苞片2~4枚，线形；叶为2~3回奇数羽状复叶 …………………………… 当归 *Angelica sinensis*

　2.总苞片数1~数枚，小总苞片2~4枚，线形披针形或者条形；叶为1~2回奇数羽状复叶 ………… 东当归 *A.acutiloba*

1.花当黄绿色；花序总苞片多数，披针形；叶多为2~3回奇数羽状分裂 ………… 欧当归 *Levisticum officinale*

三、药材的性状特征

略呈圆柱形，下部有支根3~5条或更多，长15~25cm。表面黄棕色至棕褐色，根头（归头）直径1.5~4 cm，具环纹，上端圆钝，或具数个明显突出的根茎痕，有紫色或黄绿色的茎和叶鞘的残基；主根（归身）表面凹凸不平；支根（归尾）直径0.3~1cm，上粗下细，多扭曲，有少数须根痕。质柔韧，断面黄白色或淡黄棕色，皮部厚，有裂隙和多数棕色点状分泌腔，木部色较淡，形成层环黄棕色。有浓郁的香气，味甘、辛、微苦。

表2-2 当归及其混淆品东当归、欧当归药材性状特征检索表

1. 根头略膨大或不膨大，具环纹，顶端具单一茎痕及叶柄痕；主根较粗短，呈不规则短圆柱形；断面木部约占1/3。

　2. 根头顶端圆钝；主根表面黄棕色至棕褐色，断面黄白色或淡黄棕······························当归

　2. 根头顶端凹陷或平截；主根表面土黄色，断面皮部类白色，木部黄白色或黄棕色······················东当归

1. 根头膨大，几无环纹，顶端2个以上茎痕及叶柄痕；主根较粗长，呈不规则长圆柱形；表面灰棕色或灰黄色；断面黄白至黄棕色，木部约占直径1/3 ······················欧当归

图2-2 云当归药材图

　　在满足根梢不细于2mm，表面黄棕色或黄褐色，断面黄白色或淡黄色，气芳香，味甘、微苦的基础上，单只归重量在50g以上的为特级归（图2-2）；单只重量在25~50g之间的为一级归，在14.3~25 g之间的为二级归。

第三章　生物学特性

一、当归生长发育习性

1. 种子特性

当归的种子薄片状，千粒重1.5~3g（图3-1）。当归种子寿命短。在室温下，放置1年即丧失生命力；若在低温干燥条件下贮藏，寿命可达3年以上。当归种子内胚乳的体积最大，占种子的98%，它为种子的萌发提供营养基础。当温度达到6℃时，当归种子开始萌发，随着温度的升高，出苗速度加快。温度达到20~24℃时，种子萌发最快，一般4d就可发芽，15d内即可出苗。当归种子萌发时需要吸收大量的水分。当吸水量达到种子重量的25%时，种子开始萌动，但萌发速度较慢；当吸水量达到种

图3-1　云当归种子性状及开花特征

子自身重量的40%时就接近其饱和点，种子的萌发速度最快。

2. 当归生长习性

当归为多年生草本，但药材栽培过程中一般为三年。第一、二年为营养生长阶段，形成肉质根后休眠；第三年抽薹开花，完成生殖生长。抽薹开花后，当归根木质化严重，不能入药。由于一年生当归根瘦小，性状差，因此生产上一般采用头年夏秋育苗，用次年移栽的方法来延长当归的营养生长期，但一定要控制好栽培条件，防止当归第二年的"早期抽薹"现象。当归的个体发育在3年中完成，头两年为营养生长阶段，第三年为生殖生长阶段。当归全生育期可分为幼苗期、第一次返青、叶根生长期、第二次返青、抽薹开花期及种子成熟期五个阶段，历时600~700天。

当归第一年从出苗到植株枯萎前可长出3~5片真叶，平均株高7~13cm，根粗约0.4~0.7cm，单根平均鲜重0.5g左右。第二年4月上旬，气温达到5~8℃时，移栽后的当归开始发芽，9~10℃时出苗，称返青，大概需要15d左右。返青后，当归在温度达到14℃后生长最快，8月上、中旬叶片伸展达到最大值，当温度低于8℃时，叶片停止生长并逐渐衰老直至枯萎。当归的根在第二年7月以前生长与膨大缓慢，但7月以后，气温为16~18℃时肉质根生长最快，8~13℃时有利于根膨大和物质积累。到第二次枯萎时，根长可达30~35cm，直径可达3~4cm。

第三年当归从叶芽生长开始到抽薹前为第二次返

青。此时当归利用根内储存的营养物质迅速生根发芽。开始返青后半个月，生长点开始茎节花序的分化，约需30 d，但外观上见不到茎，根不再伸长膨大，但储藏物质被大量消耗。从茎的出现到果实膨大前这一时期为抽薹开花期，根逐渐木质化并空心。随着茎的生长，茎出叶由下而上渐次展开，5月下旬抽薹现蕾，6月上旬开花，花期一个月左右。花落7~10 d出现果实，果实逐渐灌浆膨大，复伞花序弯曲时，种子成熟。

二、对土壤及养分的要求

土壤的类型对当归的分布、生长影响较大。土壤是当归营养的间接来源，当归的生长需要土壤提供一定数量的水分、养料、微生物、空气、温度。一般在土层深厚，土质疏松肥沃的腐殖土、黑土或黑沙土，能协调土壤中水分、空气、养料之间的矛盾，改善土壤的理化性质；而红土或水稻土黏性大，透气性、透水性差，当雨水过多时，还会造成当归烂根，影响当归的生长。

土壤以微酸性至中性、土层深厚、疏松肥沃、排水良好的砂质壤土或腐殖质壤土为好，忌连作。滇西北的大理和迪庆在土壤主要为黑壤或黑沙土，土壤结构好，而滇东的曲靖土壤主要为红土或水稻土，土壤结构较差，滇东和滇西北的大理和迪庆在土壤特性之间有很大差异，这些差异也可能是造成这三个地区所产当归在生物学性状上表现出来的差异（见表3-1）。

表3-1　不同采样点云当归的根部生物学性状指标（n=20）

地区	样地	生长年限	根粗（cm）	根长（cm）	根数（根）	根干重（g）	土壤
曲靖	沾益县播乐乡	1年	22.4±5.9	2.1±0.7	7±3	13.9±5.7	红壤坡地
	富源县中安镇	1年	22.3±4.8	2±0.7	4±2	11.4±3.6	红土
大理	鹤庆县马厂村	1年	33.3±5.6	6±1.6	11±2	40.7±16.4	黑壤，富含有机质
丽江	玉龙县鲁甸乡	1年	28.3±4.3	8±3	10±4	26.5±10	黑壤，富含有机质
迪庆	德钦县霞若乡	2年	51.2±12.7	6.7±2.7	12±4	76.2±24.9	黑壤，富含有机质
	维西县永春乡	2年	28.3±11.8	6.2±4	10±4	32.2±18.7	黑砂壤，原为水稻与旱地轮作田

注：以上数据源于云南省农业科学院药用植物研究所调研数据。

三、气候要求

当归属低温长日照类型，适宜在海拔2000~3000米的高寒地区生长，喜凉爽湿润、空气相对湿度大的自然环境。当归叶片的解剖学研究发现，其叶片角质层不发达，叶肉内栅栏组织只有1层，海绵组织中有大的细胞间隙，由此说明当归属喜阴湿、不耐干旱的植物类型。当归对光照、温度、水分、土壤要求较严。在生长的第一年要求温度较低，一般在12~16℃。当归生长的第二年，能耐较高的温度，气温达10℃左右返青出苗，14~17℃生长旺盛，9月平均气温降至8~3℃时地上部生长停滞，但根部增长迅速。当归耐寒性较强，冬眠期可耐受-23℃的低温。水分对播种后出苗及幼苗的生长影响较大，是丰产的主要条件。雨量充足而均匀时，产量显著增多；雨量过大，土壤含水量超过40%，容易罹病烂根。当归苗期喜阴，怕强光照射，需盖草遮阳。因此产区都选东山坡或西山坡育苗。当归生长期相对湿度以60%为宜。二年生植株能耐强光，阳光充足，植株生长健壮。

当归是一种低温长日照类型的植物。必须通过0~5℃的春化阶段和长于12 h日照的光照阶段，才能开花结果。而开花结果后植株的根木质化，有效成分很低，不能药用。因此生产中为了避免抽薹，第一年控制幼苗仅生长3~4月，作为种栽；第二年定植，生长期不抽薹，

秋季收获肉质根药用。留种地第三年开花结果。

在中国西部地区通常种植于海拔 1700~3000m 的地区。种植地区土壤为质地疏松，有机质含量高的黑土类和褐土类，在当归根生长积累期通常阴雨日较多，雨量充足。我国当归道地产区生态环境因子见表3-2。

表3-2　当归道地产区气候表

产地	岷县（甘）	平武（川）	宝兴（川）	恩施（鄂）	玉龙（滇）	鹤庆（滇）	沾益（滇）
气候类型	温带大陆性季风气候	温带大陆性季风气候	亚热带季风气候	亚热带季风山地气候	亚热带与寒温带过渡性高原季风气候	亚热带与寒温带过渡性高原季风气候	亚热带高原季风气候
土壤	灰棕壤	棕壤	黄壤	棕壤	棕壤	黄壤	红壤
海拔/m	2300	2947	2100	1795	3000	3013	2000
平均相对湿度/%	68	69.7	71.7	79.4	69	65.2	74.8
平均日照/h	2200	1938	1549	1386	2193	2649	1964
年平均气温/℃	4.77	3.27	12.8	9.9	9.8	8.8	12.2
7-8月平均气温/℃	15~17	12.2	23.65	20.45	19.25	14.3	18.55
成药生长期积温/℃	2609	1692	3786	3387	3024	3057	3900

续表3-2

产地	岷县 （甘）	平武 （川）	宝兴 （川）	恩施 （鄂）	玉龙 （滇）	鹤庆 （滇）	沾益 （滇）
年降水 量/mm	500~600	847	845	1213	959	1059	125

注：道地产区具体种植地点为GPS实测，查阅中药材适宜产区地理信息系统（TCMGIS）获得气候数据。

根据当归产地生态因子及相关文献综合分析，以土壤类型、年平均温度、相对湿度、降水量、一月极端最低温度、七月极端最高温度六个生态因子作为当归产地适宜性的主要生态指标，确定当归生长的适宜生态指标为表3-3。

表3-3　当归生长的适宜生态指标

名称	海拔/ m	降水/ mm	土壤	相对湿度/%	1月最低温/℃	7月最高温/℃
当归	1800~ 3100	520~ 1250	红土壤，黄棕壤，棕壤，褐红壤，灰褐土，黑土，黑钙土，黑麻土，黄棉土	65~82	-15	26℃

第四章　栽培管理

一、选地、整地

育苗地宜在山区选阴凉潮湿的生荒地或熟地，高山选半阴半阳坡，低山选阳坡。

选好种植地后要进行土地清理，收获前茬作物后认真清除杂质、残渣，并用火烧净，防止或减少来年病虫害的发生。洁地后，将腐熟的农家肥均匀地撒在地面上，每亩施用2000~3000kg，再用牛犁或机耕深翻30cm以上，暴晒一个月，以消灭虫卵、病菌。然后细碎耙平土壤。

土壤翻耕耙平后开畦。根据地块的坡向山势作畦，以利于雨季排水。为了便于管理，畦面不宜太宽，按宽1.2m、高25cm作畦，畦沟和围沟宽30cm，使沟沟相通，并有出水口。

二、选种与处理

种子选择：当归早期抽薹受种子遗传性状、种子成熟度的影响，应选播种后第三年开花结实的新鲜健康种

子作种。种子的成熟度，应掌控在成熟前种子呈粉白色时即采收，千粒重小于2g为佳。

种子处理：播种前将种子放入30 ℃的温水中浸种24小时，搓去种皮，取出晒干备用。

三、播　种

1.播种时间

播种的时期，应根据当地的地势、地形和气候特点而定。播期早，则苗龄长，早期抽薹率高；过晚则成活率低，生长期短，幼苗弱小。由于云南地理气候复杂，在不同的地方云当归的栽培方式也不一样，其中滇西地区较为复杂，传统种植方法15~18个月才可以生长成商品归收获，在播种时间上有着明显的差异，鹤庆马厂一般都在第一年6~7月播种，但丽江鲁甸、迪庆等地一般都在第一年8~9月播种，如果提前播种则第二年抽薹现象十分严重；由于温棚及地膜的推广，采用温棚育苗或地膜直播提高低温可以将种植周期缩短至1年便可收获。滇西产区在采用温棚育苗或地膜直播时于1月播种。滇东产区一般1月份开始播种，5月移栽，同年12月采收，种植时间较短。

2.播种方式

（1）育苗播种

条播：在畦面上按行距15~20cm横畦开沟，沟深3cm左右，将种子均匀撒入沟内，覆土1~2cm，整平畦面，盖草保湿遮光。当归萌发生长温度为11~16℃。播种量每亩5kg左右。

撒播：由于当归种子比较轻小，撒播时一定要注意均匀程度。播种量为每亩4~5kg。播种后盖细土2cm左右。有条件的可覆盖秸秆和松毛，浇透水。

（2）大田直播

直播可冬播、秋播和春播，一般以秋播为宜。此法省工，但产量较育苗移栽低。

撒播每亩用种量2~3kg，播种前将种子晾晒一下，搓去种翅。将施足底肥并整理好的土地按宽1.5m、高15~20cm做墒，长依地形而定，平整墒面，均匀播种，覆土，加盖松毛和遮阴物，浇透水；可以采用条播或穴播，在整好的畦上按行距30cm、株距25cm，三角形错开挖穴，穴深5cm，每穴点入种子5~10粒，盖土2cm以内，耧平畦面，上盖草保温保湿。播种量1.5~2 kg/亩。

播种时也可在墒面上混播一定量的短期作物种子（如蔓菁、白菜等），可提高土地利用率，由于短期作物出苗快，生长迅速，在当归出苗时能起到自然遮阴的目的，以减少苗期管理的劳动量。鹤庆马厂由祖辈一直流传下来此种种植方式，比净种更容易保苗。苗期适当清除杂草，入冬后短期作物已经全部采收，此时当归幼苗倒苗后地表加盖越冬覆盖物，待来年春天当归出苗时清除地表覆盖物。

四、田间管理

1. 苗期管理

除草施肥：播种后的苗床必须盖草或松毛，保湿遮光，以利于种子萌发出苗。一般播后10～15d出苗。当种子待要出苗时，应细心将盖草挑虚，并拔除露出来的杂草。再过一个月，将盖草揭去。最好选阴天或预报有雨天时揭草。之后拔2次草，间去过密的弱苗。一般为了降低早期抽薹率，在苗期无须追肥，但追施适量的氮肥，能降低早期抽薹率。

种苗贮藏：苗龄长，早期抽薹率高；过晚则成活率低，生长期短，幼苗弱小。一般认为苗龄控制在4个月左右。在10~11月，当苗的叶片刚刚变黄、气温降到5℃左右时，即可收挖种苗。将挖出的苗抖掉一部分泥土，去掉残叶，捆成直径5～6cm的小把（每把约100株），在阴凉、通风、干燥处晾干水气，大约一周后，根组织含水量达到60%～65%时，放室内堆藏或室外窖藏。堆藏要选凉屋子，一层稍湿的生黄土，一层种栽，堆放5～7层，形成总高度80 cm左右的梯形土堆，四周围30cm厚的黄土，上盖10cm厚的黄土即可。要选阴凉、高燥无水的地方挖窖用于窖藏。窖深1m，宽1m，宽视栽子的多少而定。窖底先铺一层10 cm厚的细砂，然后铺放种栽一层，再铺一层细砂，反复堆放，当离窖口20~30cm时，上盖黄土封窖。窖顶呈龟背形。另外，采用冷冻贮苗可有效降低当归的早期

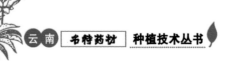

抽薹率，一般冷冻适宜温度为-10℃左右。将采挖的种苗经晾苗失水后分层盖土放入冷藏筐内，直接放入冷藏室内贮存，移栽前2~3 d取出置自然条件下存放。由于滇东地区1月播种，4~5月移栽，种苗直接移栽不用贮藏。

2. 移栽

春季4月上旬为移栽适宜期。过晚，则种苗芽子萌动，移栽时易伤苗，成活率低。栽时，将畦面整平，按株行距33cm×33cm或40cm×20cm开穴，呈品字形错开挖穴，穴深15~20cm，每穴栽苗2株，株与株相隔2cm，在芽头上覆土2~3cm。也可采用沟播，即在整好的畦面上横向开沟，沟距40cm，深15cm，按3~5cm的株距，大、小相间置于沟内，芽头低于畦面2cm，盖土2~3cm。栽9.0万~10.5万穴/hm²。

3. 大田管理

间苗、定苗：育苗和直播者均要进行间苗。正常情况下，移栽后20d 左右苗出齐后，进行间苗补苗，宜在阴雨天用带土的小苗补栽。定苗时拔除病苗、弱苗。条播的株距10cm定苗。

中耕除草：每年在苗出齐后，进行3次中耕除草，封行后拔大草。当苗高5cm时进行第一次中耕除草，要早锄浅锄。当苗高15cm时进行第二次锄草，要稍深一些。当苗高25cm进行第三次中耕除草。中耕要深，并结合培土。

追肥：当归为喜肥植物，除了施足底肥外，还应及时追肥。5月下旬叶盛期前和7月中、下旬根增长期前，应追施磷肥、钾肥和氮肥。在一定的施氮量基础上，增施磷肥可有效降低当归早期抽薹的发生，氮、磷配施还可对当归根病有一定的控制作用，每亩施尿素40kg、磷肥10kg、氯化钾5kg时增产效果较明显。此外，微量元素钼、锌、镁、硼的施用也会对当归起到增产效果，同时也可提高当归的品质。一般作为基肥在定苗前均匀施加，每亩施用钼酸铵200g、硫酸锰2000g，但要注意与当地土壤中微量元素监测结合起来，做到合理施用。

摘花薹：栽种时应选用不易抽薹的晚熟品种，采取各种农艺措施降低早期抽薹率，对出现提早抽薹的植株，应及时剪除，否则会降低药材品质，同时大量消耗水肥，对正常植株产生较大的影响，应摘早摘净。

灌排水：当归苗期干旱时应适量浇水，保持土壤湿润，但不能灌大水。雨季及时排除积水，防止烂根。

图4-1　云当归大田种植图

第五章 农药、肥料使用及病虫害防治

一、农药使用准则

根据我国中药材生产质量管理规范（简称GAP）的要求，防治当归病、虫、鼠害，应本着"防治并举，以防为主"的原则。宜用农业、生物、物理与机械防治，少施或不施化学农药的综合防治措施。需用农药时，应采用低毒、高效、残留期短的农药或土农药，以免对商品当归的污染。严禁使用《中药材基地生产中禁止使用的化学农药》，严防有害物质对药材与环境的污染。防治的目的是保护当归的正常发育，增强当归的抵抗能力，促进生态平衡。

农药使用应该遵循以下几条原则：

（1）严格禁止使用剧毒、高毒、高残留或有致癌、致畸、致突变的农药（见表5-1）。

（2）推广使用对人、畜无毒害，对环境无污染，对产品无残留的植物源农药、微生物农药及仿生合成农药。

（3）杀菌剂提倡交替用药，每种药剂喷施2~3次后，应改用另一种药剂，以免病原菌产生抗药性。

（4）按当归中常用农药安全间隔期喷药，施药期间不能采挖当归：50%多菌灵安全间隔期7~10d；70%甲基托布津安全间隔期10d；50%辛硫磷安全间隔期10d。

（5）提倡用敌鼠钠盐灭鼠，严禁使用氟乙酰胺、氟乙酸钠等剧毒药物灭鼠。

（6）严禁使用化学除草剂防除当归种植区的杂草，以免造成药害和污染环境。

（7）认真实施农药安全使用规定，施药人员要穿防护衣裤和戴胶皮手套，防止药液沾染皮肤、溅入眼睛及人、畜中毒事故发生，如发现农药中毒症状，应立即送医院诊治。

表5-1　中药GAP生产中禁止使用的农药种类

种类	农药名称	禁用原因
有机氯杀虫剂	滴滴涕、六六六、林丹、艾氏剂、狄氏剂	高残毒
有机砷杀虫剂	甲基砷酸锌（稻脚青）、甲基砷酸钙胂（稻宁）、甲基砷酸铁铵（田安）、福美甲砷、福美砷	高残毒
有机汞杀虫剂	氯化乙基汞（西力生）、醋酸苯汞（赛力散）	剧毒、高残毒
卤代烷类熏蒸杀虫剂	二溴乙烷、环氧乙烷、二溴氯丙烷、溴甲烷	致癌、致畸、高毒
阿维菌素		高毒

续表5-1

种类	农药名称	禁用原因
无机砷杀虫剂	砷酸钙、砷酸铅	高毒
有机磷杀虫剂	甲拦磷、乙拦磷、久效磷、对硫磷、甲基对硫磷、甲胺磷、甲基异柳磷、治螟磷、氧化乐果、磷胺、地虫硫磷、灭克磷（益收宝）、水胺硫磷、氯唑磷、硫线磷、杀扑磷、特丁硫磷、克线丹、苯线磷、甲基硫环磷	剧毒、高毒
氨基甲酯杀虫剂	涕灭威、克百威、灭多威、丁硫克百威、丙硫克百威	高毒、剧毒或代谢物高毒
二甲基甲脒类杀虫杀螨剂	杀虫脒	慢性毒性、致癌
氟制剂	氟化钙、氟化钠、氟乙酸钠、氟铝酸胺、氟硅酸钠	剧毒、高毒，易产生药害
有机氯杀螨剂	三氯杀螨醇	我国产品中含滴滴涕
有机磷杀菌剂	稻瘟净、导师稻瘟净（异溴米）	高毒
取代苯类杀菌剂	五氯硝基苯、稻瘟醇（五氯苯甲醇）	致癌、高残毒

二、肥料使用准则

肥料使用准则：在养分需求与供应平衡的基础上，坚持有机肥料与无机肥料相结合；坚持大量元素与中量元素、微量元素相结合；坚持基肥与追肥相结合；坚持施肥与其他措施相结合。

肥料是提高中药材产量和产品质量、促进生长发育的重要基础物质，在其整个生长周期中必须合理施用，否则不能保证中药材的正常生长。在中药材的化肥使用中应遵循以下准则：尽量选用无公害中药材生产允许使用的肥料；以有机肥为主，无机肥为辅的原则，肥料以基施为主，追施为辅；稳定氮肥用量，控制硝态氮用量以防亚硝酸盐积累，增施磷肥，以磷促氮；多元复合肥为主；控制当归种植密度和适当施用尿素，了解肥料本身的特性和在不同土壤条件下对当归的作用效果。

三、病虫害防治

1. 当归病害防治

（1）根腐病：地上部症状为叶片稍发黄或不发黄，植株枯黄萎蔫，似缺肥缺水状。地下部症状：由腐烂茎线虫（*Ditylenchus destructor*）引起的症状是干燥时或前期根部开纵裂口或根皮层糠腐干烂状；潮湿时或后期根部分或全部软腐稀烂不成形，发病后期地上部全部枯死，缺塘。由植物病原线虫（*Plant nematology*）类的短体线虫属（根腐线虫*Pratylenchus filipjev*）和半知菌类丛梗孢目镰刀菌属（*Fusarium* Lk.ex Fr.）的尖镰刀菌（*Fusarium oxysporum*）或腐皮镰刀菌（*Fusarium solani*）引起的症状是根部主根或须根小面积黑腐。由线虫类胞囊线虫属的根结线虫（*Meloidogyne* spp.）引起的症状是在根部引起胞囊或根结。

防治方法：线虫是引起病害的罪魁祸首，要防治该病，先要防治线虫，常用方法为：①清除病残体：及时清理残根及病株，带出种植地外集中烧毁，降低线虫基数。②线虫高发地块在当归播种前用地膜覆盖土壤（最好在雨后覆膜）10天以上，使膜下变成高温高湿环境，可杀死部分卵及二龄幼虫然后再播种当归。在覆膜前撒上石灰粉（50%氰氨基钙颗粒剂）80kg/亩，盖上稻草、秸秆碎屑可增加土壤温度。③根结线虫多发地块在开春时先撒一些对根结线虫高感植物如马铃薯、菠菜、芫荽等的种子种植2～3个月或感染线虫后，连根拔起这些植物集中处理，可带走土壤中线虫，然后再播种当归以减少危害。④用草木灰进行种苗处理，在播种或移栽时将草木灰施于苗床上或塘中。

（2）霜霉病：叶上有白色霜状霉层，病原菌为卵菌类霜霉目假霜霉属（*Pseudoperonospora Rostowzew*）菌。

防治方法：种苗药剂处理，播种前或在移栽当归苗

前用种子重量3‰的68.75%银法利悬浮剂和3%敌萎丹悬浮种衣剂混合后拌种或种苗。发现病株及时拔除，病穴以生石灰、5%石灰乳或40%乙膦铝可湿性粉剂、68.75%银法利悬浮剂500倍液浇灌消毒；发病后用58%瑞毒霉锰锌、58%甲霜灵锰锌、64%杀毒矾、72%克露可湿性粉剂、72.2%普力克水剂、68.75%银法利悬浮剂600倍液或33.5%喹啉铜悬浮剂、50%烯酰吗啉水分散粒剂、20%氟吗啉可湿性粉剂800倍液一种或两种配合喷雾，10天一次，共3次。

（3）褐斑病：有三种症状，由半知菌类球壳孢目壳针孢属（*Septoria* Sacc.）引起的症状为在叶上产生黑褐色圆形病斑；由半知菌类丛梗孢目交链孢霉属（*Alternaria* Nees ex Wallr.）引起的症状为在叶上产生椭圆形或不规则形，具轮纹的灰褐色病斑；由半知菌类球壳孢目叶点菌属（*Phyllosticta* Pers.ex Desm.）引起的症状为在叶上产生不规则或圆形，边缘为赤红色，中间色淡的小型病斑

图5-1　云当归叶部病害特征（叶点霉褐斑和壳针孢霉褐斑）

或斑点。

防治方法：①及时清除田间病残组织；②与禾本科或豆科等作物实行年度轮作，合理密植；③种子种苗处理用种子重5‰的50%多菌灵、60%炭疽福美可湿性粉剂等杀菌剂进行；④育苗床土壤消毒：用70%甲基托布津可湿性粉剂、50%多菌灵可湿性粉剂或75%百菌清可湿性粉剂500倍液泼浇苗床土壤覆膜10天后揭膜播种；⑤发病初用50%退菌特（三福美）、75%百菌清、80%炭疽福美可湿性粉剂800倍液、40%福星（氟硅唑）3000倍液、10%世高（噁醚唑）水分散颗粒剂2000倍液、30%特富灵（氟菌唑）可湿粉1000倍液喷雾控制中心病株。

地下害虫：有金龟子（土蚕）、蝼蛄、地老虎、金针虫等。其主要在药材出苗时为害，咬断植株或吃光叶片或把根茎咬成孔洞状。根据不同害虫种类的生活习性进行趋性诱杀，比如，金龟子有趋黑光性，用黑光灯诱杀；蝼蛄有趋光性、趋粪及对香甜物的喜好性，可用黑光灯、带毒鲜马粪及炒香的麦麸毒饵进行诱杀；地老虎喜好酸甜味并有趋黑光性，用黑光灯、性诱剂、糖醋酒液毒饵诱杀成虫，用于毒饵的药剂有80%敌百虫可溶性粉剂、50%辛硫磷乳油。田中每亩可用3%辛硫磷颗粒剂10kg混细土撒施于药材植株旁。

蓟马：以成虫、若虫在植株叶片上吸食汁液，造成花叶、生长不良并传播病毒。防治方法用内吸性杀虫剂

40%乐果1500倍液、20%吡虫啉5000倍液喷雾。每隔15天用药一次，连用2~3次。

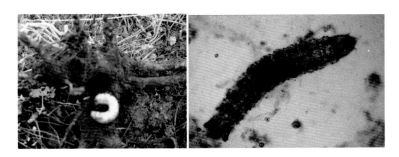

图5-2　云当归根部虫害特征图

第六章　收获及初加工

一、采收期

当归宜在地上部分枯黄时采挖，过早根肉营养物质积累不充分，根条不充实，产量低，质量差。过迟因气温下降，营养物质分解降低，质量下降。一般当年1月份播种的，于当年的12月采收，6~9月播种的，于第二年的10月下旬进行采收。采挖前，应先将地上部分割除，使土壤暴晒8～10日，既有助于土壤水分的蒸发以便采挖，又有助于物质的积累和转化，使根更加饱满充实。采挖时还要注意适当深挖，以保证根部完整无损。抖净泥土。从地的一端开始挖，尽量挖全，挖后结合犁地再捡一次漏挖的当归。勿沾水受潮以免变黑腐烂。

二、初加工

1. 当归（全当归）

（1）晾晒：将运回的当归选择通风处及时摊开晾晒至侧根失水变软，残留叶柄干缩。

（2）扎把：将晾晒好的当归理顺侧根，切除残留叶

柄，以每把鲜重约0.5kg左右扎成小把。

（3）烘烤：将扎成小把的当归架于棚顶上，或装入长方形竹筐内，然后将竹筐整齐摆在棚架上。先以湿木材火烘烟熏上色，再以文火熏干，经过翻棚，使色泽均匀，全部干度达70%~80%时，停火。

2. 当归头

将当归剔除侧根，即根头部分干燥，用撞擦方法撞去表面浮皮，露出粉白肉色为度。

当归加工不能阴干或日晒。阴干质轻，皮肉发青，日晒易干枯如柴，皮色变红走油。也不宜直接用煤火熏，否则色泽发黑影响质量。烘烤时室内温度控制在30~70℃为宜。根把内外干燥一致，用手折断时清脆有声，表面赤红色，断面乳白色为好。柴性大、干枯无油或断面呈绿褐色者不可供药用。

当归每亩一般可产干货200kg，高产可达400kg。

三、质量规格

1. 质量要求

（1）性状：以主根粗长、油润、香气浓郁者为佳。

（2）醇溶性浸出物的含量测定：用热浸法测定，70%乙醇作溶剂，醇溶性浸出物不得少于45.0%。

（3）挥发油的含量测定：本品含挥发油不得少于0.40%（ml/g）。

（4）阿魏酸的含量测定：用高效液相色谱法测定，

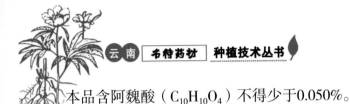

本品含阿魏酸（$C_{10}H_{10}O_4$）不得少于0.050%。

2. 商品规格

（1）全归：上部主根圆柱形，下部有多条支根，表面黄褐色或黄棕色，断面淡黄色或黄白色，具油味。香气浓，味甘微苦。特等：每千克20支以内；一等：每千克40支以内；二等：每千克70支以内；三等：每千克110支以内。

（2）归头：又叫葫首归，呈长圆形或拳状。色泽、油性气味等同当归。一等：每千克40支以内；二等：每千克80支以内；三等：每千克120支以内。

（3）出口当归：特等：每千克36支以下；一等：每千克52~56支；二等：每千克60~64支。

图6-1　当归商品规格图

四、包装、贮藏、运输

包装：药材的包装分为竹篓和新塑料编织袋、纸箱，前者是在硬竹篓垫以草纸，盛入当归药材，每件20~30kg。后者是在新塑料编织袋、纸箱，盛入当归，每

件20~30kg。无论是竹篓还是编织袋、纸箱包装，包装均应牢固、结实，以便防护。

贮藏：当归极易走油和吸潮，应贮于干燥、凉爽处。遇阴雨天严禁开箱，防止潮气进入。贮藏当归的仓库应通风、干燥、避光，必要时安装空调及除湿设备，并具有防鼠、虫、禽畜的措施。地面应整洁、无缝隙、易清洁。药材应存放在货架上，与墙壁保持足够距离，防止虫蛀、霉变、腐烂、泛油等现象发生，并定期检查。

运输：当归批量运输时，不应与其他有毒、有害、易串味物质混装。运载容器应具有较好的通气性，以保持干燥，并应有防潮措施。

第七章 应用价值

一、当归的传统医药价值

当归药用历史悠久，有补血、和血、调经止血、润肠滑肠之功效，为医家常用，素有"十方九归"之称。由于其在方剂中的应用频度甚高，如在清著《汤头歌诀》中就有53种，在日本《普通汉方》中有56种，当归的药用价值吸引了国内外许多学者关注。

1.血虚诸证

当归为良好的补血药，凡由血虚引起的面色萎黄，头晕，目眩，心悸，健忘，肢麻乏力等证，均可用当归为主药，或配熟地、白芍、阿胶等药，则补血之力益彰。兼气虚者，可与党参、黄芪、白术、甘草等补气药相伍，有补气血之效。

2.妇科调经专药

当归既能补血活血，又善止痛，故为妇科调经要药。用于月经不调、经闭、痛经等症，不论是血虚或是血瘀均为实用。临床上常与熟地、川芎、白芍等配伍，如四物汤。气滞血瘀时与香附、桃仁、红花等行气祛瘀药同用。偏寒时则配肉桂、艾叶等温经之品，偏热时，

配丹参、赤芍、地骨皮等清热凉血之味；瘀血内停之癥积，可配三棱、莪术等破血逐瘀药同用。与生地、白芍、艾叶炭、阿胶珠同用，治疗月经过多，崩漏等证。总之，当归善能补血活血，调理冲、任、带三脉，被称为"妇科专药""妇科人参"。

3. 驱瘀散寒诸证

当归补血活血，善止血虚血瘀之痛，且有散寒之功。用于虚寒腹痛、瘀血作痛、跌打损伤、痹痛麻木等。如，血痢腹痛与大黄、黄芩、白芍、木香之类同用。若久痢伤阴，湿热稽留，下痢赤白，里急后重，脐腹疼痛，可配黄连、干姜、阿胶有寒热并调，化湿坚阴之效。跌打损伤可配大黄、桃仁、红花等活血汤。风湿痹痛或肌肤麻木，配桂枝、桑枝、路路通、丝瓜络、鸡血藤等，均有良好的疗效。

4. 痈疽疮疡诸证

当归补血活血，能起到消肿止痛，排脓生肌之功。为外科常用药，痈肿疮疡初起，可与银花赤芍、甘草、炮山甲等清热解毒溃坚同用，既能活血消肿止痛，又利于肿疡之消散，方如活命饮。对痈疡脓成而不溃，或溃而脓少，出而不畅，可配黄芪、熟地、肉桂等益气补血，托毒排脓。

5. 血虚肠燥便秘诸证

当归富油性，味甘而质润，能养血滋燥润肠。如老年人体弱，血虚肠燥之便秘，多配首乌、苁蓉、火麻仁

等润肠药同用。用治阴虚血燥，大便秘结而兼瘀滞者，亦当归湿润养血，润肠通便之功。

二、当归现代药用价值

近年来对当归的药用价值研究，获得不少当归有效成分及其功能主治的新认识。现从植物当归中已分得多种类别的化学成分，其中主要涉及藁本内酯类及其异构物、香豆素类、黄酮类以及有机酸类等。

1. 对血液循环系统的作用

当归的有效成分阿魏酸能抑制血小板聚集，对血栓的形成有明显的抑制作用。当归还可促进血浆纤维蛋白溶解过程，具有纤溶活性，当归还具有促进血红蛋白及红细胞的生成，清除氧自由基，改善动脉粥样硬化的作用。

研究表明，当归有扩血管及改善血液循环的作用，可显著增加冠脉流量，降低冠脉阻力，显著减轻其因阻断冠脉时的心肌梗塞范围。还能改善外周循环，减少血管阻力，增加股动脉及外周血流量，改善局部微循环，扩张皮肤血管。对急性脑缺血、缺氧有保护作用，还能使室性早搏发生率和心律失常总发生率明显减少。

2. 提高免疫力、抗肿瘤作用

当归能增强单核吞噬细胞系统的廓清功能，增强腹腔巨噬细胞的吞噬功能，提高免疫力，促进红细胞黏附功能，对细胞的再生以及染色体的修复有促进作用。

当归多糖具有抗肿瘤作用，对肝癌、艾氏腹水癌以及其他肿瘤株具有一定程度的抑制作用，并与某些化疗药物具有协同作用，当归中的阿魏酸可逆转有辐射引起的人体白细胞数目减少，具抗辐射作用，能减轻化疗药物的副作用。

3. 对生育功能的影响

据文献报道，当归具有兴奋子宫和抑制子宫的双重作用，这种双向调节作用可能是其治疗痛经、催产的药理基础。当归对辐射损伤后的卵巢组织一方面具有保护作用，另一方面能促进卵泡细胞的增殖和分化。同时，阿魏酸也可抑制垂体分泌黄体生成素和催乳素，也可拮抗促性腺激素刺激性激素释放，从而能在雌性引起的黄体损伤和血浆孕酮水平降低，导致流产。

4. 对呼吸、消化及泌尿系统的作用

当归可扩张肺动脉松弛气管平滑肌，降低急性缺氧性肺动脉高压，对继发于慢性阻塞性肺病（COPD）的肺动脉高压也有一定的降低作用。当归具有利胆、保肝和恢复肝脏某些功能的作用，可使胆汁中固体物质重量及胆酸排出量增加，可缓解四氯化碳引起的大鼠急性肝损伤或肝硬变，并对部分肝切除大鼠有一定促进肝细胞再生作用。当归对肾脏有一定的保护作用，能改善肾小球滤过功能及肾小管重吸收功能，减轻肾损害，促进肾小管病变的恢复。

5. 抗炎和镇痛作用

当归对多种致炎剂引起的急性毛细血管通透性增高、组织水肿及慢性炎性损伤均有显著抑制作用，且能抑制炎症后期肉芽组织增生。当归水提物对腹腔注射醋酸引起的扭体反应表现出镇痛作用，其镇痛作用强度为乙酰水杨酸钠的1.7倍。

三、当归的美容保健价值

当归被称为"血家圣药""美容珍品""妇人面药"，其美容功效也得到验证，并非言过其实。具有抗衰老和美容功效作用，且有助于使人青春常驻等，加之使用方便突显当归在美容领域的优势。现代科学研究发现，当归含有大量的挥发油、维生素、有机酸等多种有机成分及微量元素，对皮肤科、妇女美容保健、改善头发等方面均有独到的功效。

1. 促进皮肤的新陈代谢，使皮肤细嫩有光泽

当归具有补血活血、祛淤生肌之功效，长期服用当归，能营养皮肤，可使面部皮肤重现红润色泽，防止皮肤粗糙，当归粉敷脸可活血淡斑、美容、健肤、保湿润肤，使皮肤光泽细嫩。

2. 改善头皮毛发的微循环，促进头皮毛发的生长

由于当归能够扩张头皮毛细血管、促进血液循环，并含有丰富的微量元素，所以当归还能够防治脱发和白发，促使头发乌黑光亮有光泽。而且可使血液中的氧合

血红蛋白释放更多的氧，以供给组织细胞。还可使细胞组织（包括皮肤、黏膜、毛发等）活性增强，从而使皮肤、毛发更加滋润。

3. 活血补血调经，适合妇女平时保养

现代研究证实，当归中含有丰富的维生素A、维生素B_{12}、维生素E、钴胺素、挥发油及人体必需的17种氨基酸，包括人体必需的但不能合成的7种氨基酸；同时含有23种无机元素，其中16种为人体所必需的，如钙、铜、锌、磷、钾、铁等。食用可增强人体新陈代谢；改善内分泌，防治便秘；益气补血；增强肠胃吸收能力；刺激卵巢，对妇女延迟衰老有一定食疗作用。

4. 延缓人体的衰老，改善老年色斑出现

酪氨酸酶能孕育发生致人斑点、黑斑、老人斑的玄色素，其活性越高，则老年斑等呈现越早、数目也多。当归抑止这种酶的活性，因此当归能推迟老年斑的呈现。

参考文献

1　杨志新，赵正雄.云当归丰产栽培及调制技术研究［J］.种子，2004.23（10）91~94

2　陆星星.云南当归规范化栽培技术［J］，2009，18: 126-127

3　李秀芳.当归高产栽培技术［J］.云南农业，2010.11

4　王明霞.当归早期抽薹的原因及防治措施［J］. 中药材，2010，5

5　李少华，郭承刚，薛润光等.不同种植密度和氮磷钾施用量对云当归产量的影响.西南农业学报［J］，2011，24（5）：1799-1804

6　张宏意，罗连，余意，邱珏，等.当归种质资源调查研究［J］，2009，32（3）：335-336

7　候丽霞，吴鲜亮.绿色食品的农药、肥料使用准则综述［J］.内蒙古农业科技，2001: 61~62

8　赵振玲，张金渝，张智慧，杨美权，等.云南当归软腐病的危害性及病原鉴定［J］.云南大学学报，2010.32（2）227-232

9　国家药典委员会.中国药典（一部）［M］.中国医药科技出版社，2010.

10　张世全，张李强.商品当归的加工与贮藏［J］.特种经济动植物，2003.1:37

11　杨志新，李佛琳，李永忠，温永琴. 当归的收获 、加工与贮藏.［J］.云南农业，2001，10: 22

12 严辉，段金廒，孙成忠，陈士林，赵润怀.基于TCMGIS的当归生态适宜性研究［J］.中医药现代化，2009，11（3）:417-422

13 邱黛玉，蔺海明，方子森，李应东.种苗大小对当归成药期早期抽薹和生理变化的影响.草业学报［J］，2010，19（6）：100-105

14 张宏意，罗连，余意，邱珏等.当归种质资源调查研究［J］，2009，32（3）：335-336

15 陈江弘，杨崇仁.当归属植物的研究进展［J］.天然产物研究与开发，2004，16（4）:359-365

16 国家药典委员会，中华人民共和国药典.一部，北京，化学工业出版社，2005，89

17 黄伟晖，宋纯清.当归的化学和药理学研究进展［J］.中国中药杂志，2001，26（3）:147-152

18 袁久荣，容蓉，杨东.当归饮片挥发油成分的研究［J］.中国中药杂志，1998，23（10）:601-603